MÉMOIRE

SUR

UN NOUVEL AMÉNAGEMENT DES BOIS ET FORÊTS.

MÉMOIRE

SUR UN

NOUVEL AMÉNAGEMENT

DES BOIS ET FORÊTS

OU

L'ART D'AUGMENTER LES PRODUITS FORESTIERS,

Par **BERRY-REYNAL**,
Ancien Forestier, à Chalon-sur-Saône.

CHALON-SUR-SAONE,
Imprimerie et Lithographie de J. DEJUSSIEU, rue des Tonneliers, 5.

1858.

MÉMOIRE

SUR UN NOUVEL AMÉNAGEMENT DES BOIS ET FORÊTS,

OU L'ART D'AUGMENTER LES PRODUITS FORESTIERS.

Dans les sciences il s'est fait des prodiges depuis un demi-siècle; l'agriculture a même fait des progrès, tandis que la gestion des bois et forêts est restée stationnaire.

Quelques propriétaires ont tenté de curer ou nettoyer les jeunes rejets; moi-même, en 1847, j'ai pratiqué ce mode comme essai, mais je n'y ai rien trouvé d'avantageux.

En ôtant les sous-traits et les branches latérales, le bois n'a plus assez de garnitures; les brins dominants suffisent pour absorber la sève, au point que les traînants, broussailles et morts-bois s'éteignent à mesure que la cépée principale prend son développement. Ce qui le prouve, ce sont les bois-taillis âgés de vingt-cinq à trente ans, dans lesquels on ne voit presque plus de broussailles, mais au contraire il s'y forme des clairières qui diminuent sensiblement la valeur forestière.

Au demeurant, l'exploitation des bois-taillis se fait toujours, comme il y a deux siècles, sans amélioration.

Le propriétaire de bois vend sa coupe ordinaire, taillis sous futaie, avec un nombre d'arbres quelconque, sous la réserve de baliveaux sur taillis et vieilles écorces.

L'adjudicataire exploite le taillis et les arbres qui lui sont vendus, représente au récolement les réserves, parois et pieds-corniers, comme au temps passé.

Pour conserver l'assouchement en taillis des bonnes essences, surtout dans les terrains plats et aquatiques, le propriétaire n'a pas la prévoyance de faire couper le bois au-dessus du sol, à une hauteur relative, de manière que l'assouchement ne puisse être submergé par la fonte des neiges, ni par les eaux pluviales.

Nous avons l'expérience qu'un assouchement en chêne, couvert d'eau au printemps pendant quelque temps, ne repousse pas, et qu'il en résulte des places vides, qui se remplissent par la suite de bois blancs provenant de semis de trembles, bouleaux, noisetiers, aunes, etc.

Loin de se conformer aujourd'hui à cette prévision, on ordonne la coupe des bois-taillis ras-terre; le sous-adjudicataire, mettant à profit cette exigence, coupe souvent les bonnes essences entre deux terres, les eaux pluviales submergent le tronc, ce qui en altère évidemment la vigueur; les bois se détériorent, et les bonnes essences sont souvent remplacées par des bois blancs.

Donc, loin de progresser, la culture des bois se trouve arriérée au point d'en venir au défrichement. Aussi il est démontré aujourd'hui, d'après le régime actuel, que les bois et forêts sont des objets onéreux, et qu'il est plus avantageux de les détruire en plaine pour en faire des terres arables que de les conserver en nature de bois.

Cependant il est pénible de penser que partout on arrache, et que, dans un temps donné, ces belles forêts, qui soutirent le fluide électrique, disparaîtront avec le siècle, et que la France ne sera qu'un cadre chauve sur lequel les ouragans se donneront carrière de dévastations.

Or, c'est un motif aussi puissant qui nous oblige à sortir de notre modeste simplicité, pour donner aux possesseurs de bois et forêts l'espérance d'améliorer le revenu de cette espèce de propriété et de la rendre aussi productive que les terres labourables: ce qui deviendrait d'autant plus avantageux pour le propriétaire de bois, que, souvent évincé dans ses fermages, sa coupe ordinaire serait toujours un lingot d'or qu'il tiendrait dans sa main.

Je dois donc établir clairement que ce n'est qu'en changeant, comme je l'ai fait moi-même par un nouvel aménagement de mes petits cantons de bois, le mode d'administrer, qu'on parviendra à l'augmentation des produits, et conséquemment à arrêter le défrichement.

Si vos bois ne vous rendent que deux pour cent, j'estime que vous perdez un et demi.

Il y a donc urgence d'innover, d'abandonner la vieille routine et d'accueillir l'aménagement que j'ai à vous proposer.

Pour vous en faire sentir la nécessité et vous donner une idée de mon système, portons-nous un moment dans votre forêt, nous y ferons un petit cours d'économie forestière.

Vous coupez vos bois à quinze, vingt, vingt-cinq ou trente ans; voyons votre coupe de vingt ou vingt-cinq ans destinée à la vente.

Remarquez cette cépée de taillis, essence chêne ou hêtre: elle se compose de douze brins de différentes grosseurs; en voilà trois de 25 à 35 centimètres de circonférence, quatre de 18 à 24, et cinq de 13 à 17 centimètres.

Vous vendez, votre marchand de bois coupe et massacre le tout indifféremment, le gros, le moyen, le petit, et vous ne reviendrez dans cette coupe récolter que dans vingt-cinq ou trente ans.

Il est évident que la moitié de ces brins, quoique de même âge, n'ont pas acquis la même valeur, attendu que les inférieurs ont été en quelque façon absorbés par ceux de première grosseur, et ils n'attendent que le fouilletage et l'enlèvement des plus gros brins pour prendre leur essor.

L'aménagement que je propose a pour but de n'exploiter

dans votre forêt en bois-taillis aucun brin qui n'ait acquis la grosseur de trente à quarante centimètres de tour, et cela par le fouilletage de deux coupes chaque année, de manière qu'au lieu de vingt-quatre coupes vous n'en aurez que douze doubles, et vous exploiterez tous les douze ans des bois-taillis de vingt-quatre ans.

Au lieu de vingt coupes vous n'en aurez que dix doubles, et vous couperez tous les dix ans des bois de vingt ans.

Au lieu de trente coupes vous n'en aurez que quinze doubles, et vous couperez du taillis de trente ans tous les quinze ans.

Ce mode que j'expérimente est très-favorable pour avoir un beau choix de baliveaux et pour protéger les jeunes rejets contre les gelées du printemps, résultat immense, surtout en plaine et dans les bas-fonds.

Mais on me répond : « Votre projet n'est qu'une exploitation » en jardinant, cela est connu. Nous opérons ce genre d'ex- » ploitation toutes les fois qu'il s'agit de mettre un quart de » réserve en haute futaie (*) ; mais dans les coupes ordinaires, » mais dans de grands massifs, cela est impraticable. C'est un » paradoxe. Comment faire le martelage, comment vendre, » comment exploiter, comment faire le récolement ?

» Vous prétendez qu'à l'aménagement de 20 à 25 ans on est » obligé de couper sans profit des brins de taillis de 12, 15, » 18 centimètres de circonférence, eh bien ! aménagez à trente » ans ou trente-six ans, et tous les brins seront coupés utile- » ment et avec profit, comme vous l'entendez. »

Effectivement, cette manière de couper le bois en fouilletage n'est pas aussi commode que celle de couper à blanc-estoc ; pour la première révolution de coupes, surtout, je conviens que cela

(*) Non, cela n'a aucun rapport. Lorsque vous mettez un quart de réserve en haute futaie, vous détruisez les brins de seconde et de troisième grosseur, tandis que je les conserve, et abandonne précisément ce que vous réservez, c'est-à-dire les brins de première grosseur.

est embarrassant, mais ce n'est néanmoins qu'une augmentation de main-d'œuvre. Puis, en pratiquant, les difficultés s'aplanissent; s'il n'y a pas assez de charrières, on fait des ouvertures pour desserte et vidange. Puis on élague les arbres sur pied avant de les abattre; comme il s'agit d'augmenter son revenu, le propriétaire doit montrer un peu d'énergie.

D'ailleurs il s'agit ici d'une question de vie ou de mort pour les bois et forêts, de leur conservation ou de leur défrichement.

On n'ignore pas que depuis quelques années la pioche pionnière fonctionne sur une étendue considérable, et que nous sommes dans l'alternative ou de trouver un moyen d'augmenter les produits ou de voir les bois et forêts disparaître successivement.

Le propriétaire sait bien énumérer la différence du rendement de l'hectare en nature de bois et en nature de terre labourable.

Le financier de l'État calcule encore plus rigoureusement. Il a bien soin de signaler au gouvernement les millions qu'on pourrait obtenir d'une nature de propriété qui rend peu; il sait bien qu'indépendamment du capital qu'il pourrait encaisser, l'impôt de la forêt mise en terre et les droits de mutation s'élèveraient à la hauteur de la coupe ordinaire, surtout si l'on faisait défalcation sur le prix du revenu des frais d'administration et de réparations.

Mais répondons par des chiffres, comme nous l'avons annoncé. Vous m'objectez l'aménagement des bois à trente ou trente-six ans comme le plus avantageux.

Eh bien! comptons; l'argument des chiffres sera toujours le plus clair.

Achetez un hectare de bois enclavé ou contigu à votre forêt: ceux qui vous le vendront auront le soin d'enlever la superficie; ils ne vous laisseront que les rejets et quelques baliveaux; néanmoins cela ne peut vous coûter moins de douze cents francs, dont l'intérêt légal est de soixante francs. Multipliez cette somme par trente ou trente-six, ajoutez-y l'intérêt composé pendant trente ans, l'impôt annuel, les frais de gardes, et vous aurez bientôt la conviction que l'aménagement à trente ans, comme vous l'entendez, n'est pas le plus avantageux, non-seulement sous le rapport financier, mais encore sous celui d'une bonne administration.

A trente ans, on n'ignore pas que sous ce long espace le bois se cure, s'éclaircit, se sèche, se vole, au point qu'il y a dans beaucoup de bois de cet âge de grandes clairières qui pourraient contenir le double de bonnes essences. D'ailleurs, à cet âge les bois blancs sont sur le retour, et puis ne récolter qu'une fois en trente ans !

Donc, il y a nécessité de réformer l'aménagement ou d'arracher les bois ; mais on n'arrachera pas.

Les divers aménagements que je propose seront mis à profit, et les bois et forêts rendront tout autant que les terres labourables.

On nous objecte encore que cette manière d'administrer est un paradoxe et que ces opérations sont impraticables.

Cela n'est point un paradoxe, puisque je pratique moi-même l'exploitation par affouillement avec avantage depuis plus de vingt ans, et suis à même d'établir que l'hectare en bois me rend tout autant que l'hectare en terre labourable.

D'ailleurs, à l'article suivant je donnerai les combinaisons de l'aménagement des bois et forêts pour les divers âges, dont on peut faire usage depuis dix jusqu'à trente ans.

DU FOUILLETAGE

Des Bois et Forêts, Taillis sous Futaies.

L'affouillement est un mode de mettre à profit tous les brins des bois-taillis, bonnes essences de bois, et de ne les récolter, comme nous l'avons dit, que lorsqu'ils auront acquis de 25, 30 à 40 centimètres de circonférence.

L'opération est relative à l'âge, aux essences du bois et à la richesse du sol, soit en plaines soit en montagnes.

Cette exploitation doit être précédée, dans tous les cas, soit par le marchand, soit par le propriétaire, d'un nettoyage de la coupe, consistant à broussailler les traînants en chêne, charmille, noisetier, tilleul, hêtre; les ronces, épines, bruyères, fougères, buis, troènes, bourdaines dont on fait les chétifs fagots.

Puis, dans les bois de vingt, vingt-cinq à trente ans, procéder au martelage de la futaie, et en réduire le nombre, afin d'obtenir de beaux bois-taillis. L'ordonnance des eaux et forêts de 1669 donnait une proportion plus avantageuse à leur prospérité. La réserve, titre 26, art. 1, prescrivait vingt arbres par hectare et trente-deux baliveaux au lieu de cinquante.

Ce travail préliminaire achevé, le gérant s'occupe du griffage de tout ce qu'il y a de plus gros et de plus difforme, pour être abandonné à la vente, notamment les bois blancs, trembles, tilleuls, marseaux, noisetiers, aunes, etc.;

Réservant une garniture abondante de brins moins gros mais d'espérance, en bonnes essences, autant que possible, destinée à faire dans peu d'années une coupe d'un grand produit.

Dans les bois-taillis moins âgés, je préférerais faire des demi-coupes jusqu'à ce que le bois ait acquis l'âge et la grosseur productive. Néanmoins, si les taillis sont en mauvais état par l'effet d'une surcharge de futaie, il faut réduire cette futaie suivant l'ordonnance précitée: puis, après avoir broussaillé pour faire les chétifs fagots, faire le fouilletage des brins difformes, gelés, rabougris, jusqu'à concurrence de moitié au moins, afin de ne laisser qu'un bois d'espérance.

Ce travail, qui effraie l'imagination, est encore d'une facile exécution: seulement il faut que le propriétaire ait le courage de voir le bouleversement de ce genre d'exploitation; il s'en trouvera amplement dédommagé, soit par de riches produits, soit par la bonne tenue de sa forêt.

Bien entendu, d'après ce qui vient d'être dit, qu'il faut expulser tout champoyage, puisque chaque coupe est garnie en même temps de grands bois et de jeunes rejets destinés à les remplacer.

DES PRODUITS.

Reportons-nous à notre descente de lieux, où nous avons reconnu dans la même cépée des brins ou perches de trois grosseurs, quoique de même âge.

Dans les bois-taillis de trente ans la proportion du gros bois est plus considérable.

Opérons sur un bois.

Taillis de 30 ans.

Admettons qu'une coupe de bois-taillis, âgée de 30 ans, après avoir été broussaillée, donne un produit de 12,000 brins ou perches, savoir :

6,000 en 1re grosseur,	à 1 fr. 50 cent.	. .	9,000 fr.
4,000 en 2me —	à 0 » 75 »	. .	3,000
2,000 en 3me —	à 0 » 50 »	. .	1,000
	Total treize mille francs ; ci.	. .	13,000 fr.

Au lieu d'exploiter les douze mille brins mentionnés ci-dessus, nous fouilletons deux coupes et nous obtenons nos douze mille brins en première grosseur, à 1 fr. 50 cent. ; ci. . . . . 18,000 fr.

Il y a cette différence en faveur du fouilletage, c'est qu'au lieu de ne revenir dans ces coupes que dans trente ans, nous y revenons dans dix ans, récolter, dans des rejets de dix ans, les douze mille brins ou perches qui seront alors âgés de quarante ans et qui produiront au moins une somme de dix-huit mille francs, et chaque année l'augmentation du revenu, dans la même forêt, sera dans le même rapport.

AMÉNAGEMENT.

L'aménagement est l'ordre à établir dans l'administration d'un bois, relativement à sa destination, à l'essence dominante et à la richesse du sol, soit en plaine, soit en montagne ; cette opération a pour but d'obtenir le plus grand produit.

Dans un aménagement bien ordonné, les bois sont divisés en coupes réglées, soit par des bornes numérotées, ou par des fossés, ou par des avenues, comme un parc, ou ce sont des massifs sans division. Le propriétaire fait arpenter chaque année un dixième, un quinzième, un vingtième, un vingt-cinquième, ou un trentième de la masse de ses bois, s'il coupe à dix, quinze, vingt, vingt-cinq ou trente ans, suivant les besoins de la localité.

Pour l'intelligence de notre description, nous aménageons fictivement les massifs de ces divers âges, et nous désignons pour la coupe n°s 1er et 2, la partie la plus âgée et qui doit être mise en usance pour l'ordinaire de 1859 ; n°s 2 et 3, celle destinée à 1860, ainsi de suite ; commençant par la gérance des bois âgés de trente ans.

Les bois-taillis âgés de trente ans, aménagés d'après notre méthode, sont du plus grand produit, attendu qu'au lieu du trentième nous en exploitons un quinzième chaque année, et nous aurons tous les quinze ans des bois-taillis de trente ans. Le tableau qui suit donne la combinaison, l'âge et l'année de l'exploitation de chaque coupe.

LÉGENDE.

A commencer en 1859, le fouilletage sera fait dans les

coupes nos 1 et 2, de 30 et 29 ans, tant sur les arbres que sur les bois-taillis.

ANNÉES DES COUPES.		Nos DES COUPES.			AGES DES TAILLIS.	
1859.	——	1	et 2.	——	30	et 29 ans.
1860.	——	3	4.	——	29	28
1861.	——	5	6.	——	28	27
1862.	——	7	8.	——	27	26
1863.	——	9	10.	——	26	25
1864.	——	11	12.	——	25	24
1865.	——	13	14.	——	24	23
1866.	——	15	16.	——	23	22
1867.	——	17	18.	——	22	21
1868.	——	19	20.	——	21	20

En 1869 on reprend la deuxième série des mêmes coupes 1 et 2, c'est-à-dire la garniture restée sur pied en 1859, et qui se trouvera alors âgée de 40 et 39 ans.

ANNÉES DES COUPES.		Nos DES COUPES.			AGES DES TAILLIS.	
1869.	——	1	et 2.	——	40	et 39 ans.
1870.	——	3	4.	——	39	38
1871.	——	5	6.	——	38	37
1872.	——	7	8.	——	37	36
1873.	——	9	10.	——	36	35
1874.	——	11	12.	——	35	34
1875.	——	13	14.	——	34	33
1876.	——	15	16.	——	33	32
1877.	——	17	18.	——	32	31
1878.	——	19	20.	——	31	30

En 1879 seront fouilletées en première série les coupes 21 et 22, âgées de 30 et 29 ans.

ANNÉES DES COUPES.		Nos DES COUPES.			AGES DES TAILLIS.	
1880.	——	23	et 24.	——	29	et 28 ans.
1881.	——	25	26.	——	28	27
1882.	——	27	28.	——	27	26
1883.	——	29	30.	——	26	25

En 1884, deuxième série des dix dernières coupes qui seront reprises, savoir:

Les numéros	21 et 22,	âgées de	35 et	34 ans.	
1885.	—	23	24	—	34 33
1886.	—	25	26	—	33 32
1887.	—	27	28	—	32 31
1888.	—	29	30	—	31 30

Cette révolution de coupes terminée, on reprendra les numéros 1 et 2 provenant des rejets de 1859, et qui auront trente ans en 1889; ces coupes seront encore garnies non-seulement d'un taillis de trente ans, mais encore des rejets de 1869, âgés de vingt ans, et qui seront destinés à l'ordinaire de 1899, pour continuer à donner tous les quinze ans du bois de 30 ans.

Bois âgés de 25 ans.

L'aménagement des bois de 25 ans augmente subitement le revenu. Au moyen du fouilletage on peut ordonner deux coupes pour la même année, attendu que, si on opérait sur une seule, on obtiendrait des bois âgés de cinquante ans tous les vingt-cinq ans;

Observant qu'au martelage on doit réduire le nombre des baliveaux sur taillis, puisqu'on en marquera deux fois dans vingt-cinq ans. D'ailleurs, pour obtenir de bons taillis, la haute futaie ne doit pas être aussi multipliée. L'effet admirable que produit cet aménagement vient de ce que, ne coupant qu'une partie de la cépée, les jeunes rejets ne sont pas aussi nombreux; la sève n'est pas aussi disséminée, comme quand on coupe à blanc. Vous ne verrez repousser sur l'assouchement que dix ou douze brins ou rejets, au lieu de quarante à cinquante.

De cette quantité il s'en perd les trois quarts ; mais avant de sécher ils ont absorbé une grande partie de la sève et retardé l'accroissement de ceux assez forts pour dominer.

Cela est si vrai, que dans un taillis de deux ans on trouvera communément deux cents rejets dans un are composé de cent mètres carrés, tandis qu'à vingt ans il ne s'en trouve qu'environ cinquante, et à trente ans que vingt-cinq; aussi, comme je l'ai déjà fait observer, il se forme des clairières dans les bois de trente ans.

Il n'y a qu'un fouilletage bien entendu qui puisse les garnir convenablement et en bonnes essences (*).

D'ailleurs, le hêtre repousse infiniment mieux lorsqu'il est un peu garanti de l'ardeur du soleil.

LÉGENDE.

ANNÉES DES COUPES.		Nos DES COUPES.		AGES DES TAILLIS.	
1859.	—	1 et 2.	—	25 et 24 ans.	1re série.
1860.	—	3 4.	—	24 23	
1861.	—	5 6.	—	23 22	
1862.	—	7 8.	—	22 21	
1863.	—	9 10.	—	21 20	
1864.	—	11 12.	—	20 19	
1865.	—	1 2.	—	31 30	2me
1866.	—	3 4.	—	30 29	
1867.	—	5 6.	—	29 28	
1868.	—	7 8.	—	28 27	
1869.	—	9 10.	—	27 26	
1870.	—	11 12.	—	26 25	

(*) J'ai acquis par la pratique que l'affouissement détruit les bois blancs, trembles et noisetiers, etc., en raison de ce que les semis de tremble ne repoussent pas à l'ombre.

ANNÉES DES COUPES.		Nos DES COUPES.			AGES DES TAILLIS.		
1871.	—	13	14.	—	25	24	3me série.
1872.	—	15	16.	—	24	23	
1873.	—	17	18.	—	23	22	
1874.	—	19	20.	—	22	21	
1875.	—	21	22.	—	21	20	
1876.	—	23	24.	—	20	19	
1877.	—	25	»	—	19	»	
1878.	—	13	14.	—	31	30	4me
1879.	—	15	16.	—	30	29	
1880.	—	17	18.	—	29	28	
1881.	—	19	20.	—	28	27	
1882.	—	21	22.	—	27	26	
1883.	—	23	24.	—	26	25	
1884.	—	25	»	—	25	»	

Puis, en 1885, on reprendra les deux premières coupes provenant des rejets de 1859, pour ainsi continuer à couper, tous les douze ans, des bois-taillis de vingt-cinq ans.

Une fois l'aménagement organisé, on pourra vendre les coupes de taillis sous futaie, en insérant au cahier de charges qu'on ne pourra couper le bois qu'*au-dessus* de vingt-cinq ou trente centimètres de circonférence, grand taillis qui est très-distingué du jeune bois qui a six ans de moins.

Aménagement des bois âgés de vingt ans.

Préalablement avant le fouilletage des coupes nos 1 et 2, il faut, comme je l'ai fait observer plus haut, faire broussailler par un nettoyage de tout le fretin bois mort et mort-bois, bruyères, épines, genêts, et les traînants, pour les bourrées ou chétifs fagots ; puis marquer la futaie et les baliveaux de l'âge du taillis ; ensuite le gérant fait griffer pour la coupe le tiers ou la moitié de ce qu'il y a de plus gros et de plus difforme, surtout en bois blancs, tremble, marseau, aune, etc...

LÉGENDE.

ANNÉES DE L'EXPLOITATION.		Nos DES COUPES.		AGES DES BOIS.	
1859.	—	1 et 2.	—	20 et 19 ans.	1re série.
1860.	—	3 4.	—	19 18	
1861.	—	5 6.	—	18 17	
1862.	—	1 2.	—	23 22	2me
1863.	—	3 4.	—	22 21	
1864.	—	5 6.	—	21 20	
1865.	—	7 8.	—	20 19	
1866.	—	9 10.	—	19 18	
1867.	—	11 12.	—	18 17	
1868.	—	7 8.	—	23 22	
1869.	—	9 10.	—	22 21	
1870.	—	11 12.	—	21 20	
1871.	—	13 14.	—	20 19	
1872.	—	15 16.	—	19 18	
1873.	—	17 18.	—	18 17	
1874.	—	13 14.	—	23 22	
1875.	—	15 16.	—	22 21	
1876.	—	17 18.	—	21 20	
1877.	—	19 20.	—	20 19	
1878.	—	1 2.	—	20 20	
1879.	—	3 4.	—	20 20	
1880.	—	5 6.	—	20 20	

Une autre combinaison de l'aménagement par fouilletage qui convient aux grandes forêts est celui des bois de vingt ans, pour avoir tous les vingt ans, dans la même coupe, des bois-taillis de quarante ans.

Ce règlement peut s'appliquer aux autres âges de 10, 12, 14, 16, 18, pour obtenir, tous les dix ans, dans la même coupe, des bois-taillis de vingt ans; tous les douze ans, des bois de vingt-quatre ans; tous les quatorze ans, des bois de vingt-huit ans; tous les seize ans, des bois de trente-deux ans, ainsi de suite. Le revenu sera nécessairement diminué les premières années, pour ensuite être augmenté considérablement et à perpétuité : c'est un placement que le propriétaire fait sur lui-même.

LÉGENDE.

Années des coupes.	Nos des coup.	Ages des taillis.		Années des coup.	Nos des coup.	Ages des taillis.
1859.	1.	20 ans.	—	1877.	19.	20 ans.
1860.	2.	20	—	1878.	20.	20
1861.	3.	20	—	1879.	1.	40
1862.	4.	20	—	1880.	2.	40
1863.	5.	20	—	1881.	3.	40
1864.	6.	20	—	1882.	4.	40
1865.	7.	20	—	1883.	5.	40
1866.	8.	20	—	1884.	6.	40
1867.	9.	20	—	1885.	7.	40
1868.	10.	20	—	1886.	8.	40
1869.	11.	20	—	1887.	9.	40
1870.	12.	20	—	1888.	10.	40
1871.	13.	20	—	1889.	11.	40
1872.	14.	20	—	1890.	12.	40
1873.	15.	20	—	1891.	13.	40
1874.	16.	20	—	1892.	14.	40
1875.	17.	20	—	1893.	15.	40
1876.	18.	20	—	1894.	16.	40

Aménagement des bois âgés de 18 ans.

ANNÉES DES COUPES.		NOS DES COUPES.		AGES DES TAILLIS.
1859.	—	1 et 2.	—	18 et 17 ans.
1860.	—	3 4.	—	17 16
1861.	—	5 6.	—	16 15
1862.	—	7 8.	—	15 14
1863.	—	1 2	—	22 21
1864.	—	3 4.	—	21 20
1865.	—	5 6.	—	20 19
1866.	—	7 8.	—	19 18
1867.	—	9 10.	—	18 17

ANNÉES DES COUPES.		Nos DES COUPES.			AGES DES TAILLIS.	
1868.	—	11	12.	—	17 et	16 ans.
1869.	—	13	14.	—	16	15
1870.	—	15	16.	—	15	14
1871.	—	17	18.	—	14	13
1872.	—	09	10.	—	23	22
1873.	—	11	12.	—	22	21
1874.	—	13	14.	—	21	20
1875.	—	15	16.	—	20	19
1876.	—	17	18.	—	19	18

En 1877 on reprendra les taillis de 1859, âgés de dix-huit ans, pour continuer chaque année et par coupes doubles, dans lesquels il se trouvera des taillis de neuf ans et de dix-huit ans : préalablement, avant d'exploiter chaque coupe, il faut faire faire les chétifs fagots de broussaille et couper tous les neuf ans le bois de dix-huit ans.

L'aménagement à dix-huit ans convient dans les bois dont l'essence dominante est en bois blancs, trembles, bouleaux, noisetiers, charmilles, aunes, et chênes en partie. *Bientôt les chênes et charmilles s'emparent du terrain, il en résulte une amélioration sensible dans les produits.*

Aménagement à 16 ans, convenable à l'administration des bois de rivière.

L'essence dominante de ces bois sont le chêne, l'orme, le frêne, charmille, l'érable, et beaucoup d'épines.

Le sol de ces bois est si riche qu'on peut exploiter tous les huit ans de beaux bois-taillis de seize ans, laissant pour garniture la moitié des brins inférieurs qui ont également seize ans, mais qui n'ont pas la grosseur requise. Ce bois d'espérance ne se coupera que huit ans plus tard, et sera d'un grand produit. Ce genre d'administration convient d'autant mieux dans ces bois, que les glaces, qui versent et brisent les jeunes rejets, seraient soutenues par les garnitures d'un fort bois-taillis qui les retiendraient à la hauteur de l'inondation et laisseraient prendre aux rejets une forme infiniment plus gracieuse.

LÉGENDE.

ANNÉES DES COUPES.		Nos DES COUPES.			AGES DES TAILLIS.		
1859	à fouilleter. —	1 et	2	—	16 et	15 ans.	1re série.
1860	—	3	4	—	15	14	
1861	—	5	6	—	14	13	
1862	—	7	8	—	13	12	
1863	—	1	2	—	20	19	2me
1864	—	3	4	—	19	18	
1865	—	5	6	—	18	17	
1866	—	7	8	—	17	16	
1867	—	9	10	—	16	15	
1868	—	11	12	—	15	14	
1869	—	13	14	—	14	13	
1870	—	15	16	—	13	12	
1871	—	9	10	—	20	19	
1872	—	11	12	—	19	18	
1873	—	13	14	—	18	17	
1874	—	15	16	—	17	16	
1875	—	1	2	—	16	16	

Après avoir exploité les huit premières coupes, on reprend, en 1863, les Nos 1er et 2, âgés de 20 et 19 ans, et on suit jusqu'à 1870.

En 1871, on reprend ce qu'on a laisse en gros bois et par coupes doubles, jusqu'à 1874. En 1875, on reprend les Nos 1 et 2, âgés de 16 ans et provenant des rejets de 1859.

BOIS DE MONTAGNES.

Aménagement des Bois de 14 ans, exploités tous les sept ans.

ANNÉES DES COUPES.		Nos DES COUPES.			AGES DES TAILLIS.	
1859.	—	1 et	2.	—	14 et	13 ans.
1860.	—	3	4.	—	13	12
1861.	—	5	6.	—	12	11
1862.	—	7	8.	—	11	10
1863.	—	1	2.	—	19	18
1864.	—	3	4.	—	18	17
1865.	—	5	6.	—	17	16
1866.	—	7	8.	—	16	15
1867.	—	9	10.	—	15	14
1868.	—	11	12.	—	14	13
1869.	—	13	14.	—	13	12
1870.	—	9	10.	—	18	17
1871.	—	11	12.	—	17	16
1872.	—	13	14.	—	16	15
1873.	—	1	2.	—	14	14

Le bois des montagnes a un sol plus ou moins profond. Souvent il y a peu de terre sur le rocher. La végétation, très-active les premières années, devient languissante, et, pendant les chaleurs, le bois sèche quelquefois sur les points dénudés.

L'aménagement est une exception. La forêt doit être divisée en sept coupes réglées, pour avoir tous les sept ans du bois de quatorze ans dans la même coupe, suivant la légende qui précède.

Il suit de là que la septième partie du bois, en 1873 le plus âgé, doit être délimitée par des bornes, des murjets ou des creux de 2 mètres de long sur 1 mètre de large, distancés de 50 en 50 mètres.

Immédiatement avant le fouilletage, cette coupe sera broussaillée, puis on choisira une réserve en bonne essence pour garnir le terrain; après quoi on abattra le plus difforme, ainsi que les trembles, noisetiers, etc.

L'année suivante, on opérera de même sur la seconde coupe; ainsi de suite, sans permettre de champoyage dans ces bois.

Il est d'autant plus intéressant de bien administrer les bois de la montagne, que ce sol ne peut avoir d'autre destination.

Le pâturage doit être sévèrement interdit; les buis, les bruyères (*) et les épines soigneusement extirpés.

L'assouchement doit être ménagé avec soin, d'autant qu'il se trouve des parties rocheuses où la racine trace à si peu de profondeur, que souvent l'avidité de l'adjudicataire le porte à exploiter avec la tête de sa coignée et fait sauter la racine, ce qui fait un tort irréparable. Une grande partie des montagnes se sont déboisées, soit en exploitant ainsi, soit en laissant champoyer les jeunes rejets.

Le propriétaire doit être sévère à cet égard, en insérant au cahier de charges des conditions rigoureuses.

Aménagement des bois de 10, 11 et 12 ans.

Si le fouilletage augmente le revenu dans les grands bois-taillis de 25 à 30 ans, il n'en est pas de même dans les jeunes, qu'on exploite à 10, 12 et 15 ans.

Nous avons dit précédemment qu'il serait plus convenable de faire des demi-coupes, afin de [illegible] l'âge requis.

Mais le propriétaire, ne voulan[illegible] ce qu'il a de mieux à faire dans [illegible] laisser dans sa coupe ordinaire, [illegible]

(*) Rien dans un bois n'est ruineux [illegible] soigneux la fera extirper à la pioche [illegible] des graines forestières, même de l[illegible] ou avril, ou de la gland dont les [illegible] année.

de brins d'espérance en bonnes essences; son agent ou son garde choisira, pour être mis en réserve, sept, dix ou quinze brins par are, de cent mètres carrés, qu'il griffera avec une petite rouanne, non les plus forts, mais les mieux venants; cela ne diminuerait la vente que de trente à quarante centimes par are, en 1859.

Dans les bois de dix ans, cette réserve ne serait exploitée que dix ans plus tard, à l'âge de vingt ans dans ceux de onze ans; en 1870 elle aurait vingt-deux ans, et en 1871, dans ceux de douze, elle aurait vingt-quatre ans. A cette époque, le propriétaire, après avoir fait nettoyer son jeune taillis de dix, onze ou douze ans, ferait couper sa réserve de vingt, vingt-deux, ou vingt-quatre ans; les rejets de 10, 11, 12 ans, ainsi éclaircis, resteraient pour acquérir leur pleine valeur.

Si, alors, il désirait couper tous les cinq ans des taillis de dix ans, il ne pourrait le faire qu'en 1869; il lui suffirait d'exploiter deux coupes chaque année; savoir: en 1869, après les dix premières années révolues; les deux premières coupes seront garnies d'un taillis de 10 ans et d'une réserve de 20 et 19 ans, savoir :

ANNÉES DES COUPES.		Nos DES COUPES.			AGES DES TAILLIS.	
1869.	—	1 et	2.	—	20 et	19 ans.
1870.	—	3	4.	—	19	18
1871.	—	5	6.	—	18	17
1872.	—	7	8.	—	17	16
1873.	—	9	10.	—	16	15

En 1874, on reprend les coupes nos 1 et 2, provenant des rejets de 1859 et 1860, âgés de 15 et 14 ans, ainsi qu'il suit :

1874.	—	1 et	2.	—	15 et	14 ans.
1875.	—	3	4.	—	14	13
1876.	—	5	6.	—	13	12
1877.	—	7	8.	—	12	11
1878.	—	9	10.	—	11	10

En 1879 on reprend les coupes nos 1 et 2, provenant des rejets de 1869, âgés de 10 ans, savoir :

1879.	—	1 et	2.	—	10 et	10 ans.
1880.	—	3	4.	—	10	10
1881.	—	5	6.	—	10	10
1882.	—	7	8.	—	10	10
1883.	—	9	10.	—	10	10

Cet aménagement, ainsi établi en coupe double, produit tous les cinq ans des bois-taillis de dix ans dans la même coupe, attendu qu'en 1884 on reprendra les coupes Nos 1 et 2 exploitées en 1874, et qui seront alors âgées de 10 ans.

Aménagement à 12 ans.

A partir de 1859 le propriétaire fera établir dans sa coupe ordinaire sa garniture réservée de brins, non toujours les plus gros, mais les mieux venants, au nombre de 10, 15 ou 20 par are, comme il est dit précédemment à l'aménagement de 10 ans, de manière que, ses douze coupes exploitées en 1871, il fera deux coupes chaque année de sa garniture réservée depuis 1859. Ses coupes Nos 1 et 2 seront alors meublées de bois-taillis de 24 et 23 ans, et de jeunes bois de 12 et 11 ans, provenant de la coupe de 1859 et 1860.

En 1872 il opérera de même sur les coupes Nos 3 et 4 ; ainsi de suite, comme au tableau qui suit, savoir :

1871.	Coupes Nos	1 et	2	âgées de	24 et	23 ans.
1872.	—	3 et	4	—	23 et	22
1873.	—	5	6	—	22	21
1874.	—	7	8	—	21	20
1875.	—	9	10	—	20	19
1876.	—	11	12	—	19	18

En 1877, on reprendra les coupes nos 1 et 2, provenant des rejets de 1859 et 1860.

1877.	Coupes Nos	1	et 2	âgées de	18	et 17	ans.
1878.	—	3	4	—	17	16	
1879.	—	5	6	—	16	15	
1880.	—	7	8	—	15	14	
1881.	—	9	10	—	14	13	
1882.	—	11	12	—	13	12	

En 1883, on reprendra les coupes Nos 1 et 2 provenant de l'exploitation de 1871, âgées de douze ans, pour ainsi continuer sur le même règlement cet aménagement ainsi établi à pouvoir récolter dans la même coupe, tous les six ans, des bois-taillis de douze ans, savoir :

1883.	Coupes Nos	1	et 2.	âgées de	12 ans.
1884.	—	3	4	—	12
1885.	—	5	6	—	12
1886.	—	7	8	—	12
1887.	—	9	10	—	12
1888.	—	11	12	—	12

CONCLUSIONS.

Cette notice contient deux modes d'opération : le fouilletage dont le détail pour les bois-taillis de vingt-cinq à trente ans peut très-bien s'exécuter dans les bois de particuliers, et surtout dans les bois communaux, qui s'exploitent annuellement par un entrepreneur-gérant. Les ouvriers cantonniers seraient occupés dans les mois de novembre et décembre au nettoyage destiné à faire les chétifs fagots. Puis, l'entrepreneur et les gardes grifferaient immédiatement pour être abattue environ la moitié du bois le plus gros et le plus difforme dans les deux coupes les plus âgées, de manière à ouvrir des passages pour la traite et vidange ; ensuite le bois griffé serait coupé, façonné, enlevé et distribué aux affouagistes : à l'égard du propriétaire de bois à qui la transition paraîtrait trop brusque, impraticable ou trop dispendieuse, il pourrait y destiner seulement un petit canton de quatre ou cinq hectares, qu'il ferait diviser en cinq cantons, dont un seul serait exploité chaque année pour expérimenter ce mode et le comparer à l'ancien usage; mais, ne voulant faire aucun essai sur l'affouillement, il pourrait s'en tenir au second mode indiqué dans ce mémoire et faire choisir et griffer en réserve par are dix ou quinze brins de jeunes bois qui ne sont propres qu'au fagotage, et qui seraient destinés à augmenter le revenu de la forêt.

ÉCONOMIE FORESTIÈRE. — ART 1er.

Des Fossés.

Les fossés ont plusieurs destinations dans les bois. Il y a des fossés de clôture, de séparation de coupes, des rigoles d'assainissement.

Une économie forestière exige que les fossés de toutes espèces soient confectionnés et creusés avant l'exploitation de la coupe du bois-taillis, tandis qu'on pratique le contraire; ce qui occasionne un dommage, et voici : après avoir coupé le bois on ouvre le fossé; s'il y a deux mètres de largeur, les terres sont jetées sur les assouchements sur une largeur de 2 ou 3 mètres sur toute la longueur du fossé, et personne n'ignore que tous ces assouchements qui sont couverts de terre de 1 mètre d'épaisseur, sont *étouffés* et ne repoussent pas. Tandis qu'en ouvrant le fossé avant la coupe, la jetée de terre ne fait que *rechausser* le bois-taillis ou perchis, puis le bois se coupe *au-dessus* de la jetée des terres, il en résulte que les assouchements qui seraient détruits donnent des rejets incomparablement plus beaux que ceux de la coupe, puisqu'ils ont reçu une espèce de culture.

ART. 2.

Des Gardes forestiers.

Assurément le garde qui sait faire respecter sa forêt est un employé intéressant. Grande activité et sévérité en commençant, surtout, déshabitueront les maraudeurs et rendront le service plus facile. Son zèle et son intelligence lui enseigneront bien à faire ses tournées à des heures différentes ; mais ces tournées n'occuperont pas sa journée tout entière ; ne pourrait-il pas donner deux ou trois heures par jour à faire des réparations et des ornements à sa forêt ?

Faire écouler les eaux en plaine qui inondent les charrières ; mettre dans la belle saison de la terre dans les mauvais pas, pour faciliter la vidange des coupes, assimiler les charrières aux allées d'un parc. Réparer des rigoles d'assainissement dans la plaine et relever des murjets sur les montagnes ; en définitive, cet employé doit tout son temps à celui qui lui donne un moyen d'existence. En hiver il pourrait employer une heure ou deux par jour à repiquer de jeunes plants dans les places vides, ou à y semer des graines forestières ; en un mot, la bonne tenue de son triage sera toujours son meilleur certificat, sauf à son maître à lui fournir pioche, pelles et brouettes.

Dans les grandes forêts, il pourrait y avoir des gardes-forestiers cantonniers, agissant sous la direction d'un brigadier.

Chaque jour, à heure différente, il y aurait rendez-vous sur un point central différent de la forêt.

Chaque garde viendrait à l'ordre pour se concerter sur ce qui a été reconnu dans chaque triage, sur les tournées et les travaux du lendemain, sur les procès-verbaux et la correspondance, avec défense, sous peine de destitution, de fréquenter les cabarets.

ART. 3.

Économie forestière.

Depuis quelques années les propriétaires permettent aux marchands de bois d'arracher les chênes de leurs forêts, dans la conviction que l'assouchement de ses arbres, parvenus à une certaine grosseur, ne repoussent pas. Mais ces propriétaires de bois ou leurs agents ont-ils fait quelques efforts pour rendre l'assouchement de ces arbres à la végétation? Rien que je sache n'a été fait ni enseigné.

Il est certain que si le brave militaire qui perd un membre sur un champ de bataille n'était pas secouru, son sang écoulé, sa vie serait bientôt éteinte. De même la section de l'arbre étant faite, la sève s'évapore au printemps, la dessiccation laisse bientôt apercevoir un interstice entre le bois et l'écorce, l'eau pluviale remplit cet espace, et la végétation s'éteint effectivement. Mais ne pourrait-on pas obvier à cette perte, surtout si l'arbre, quoique gros, était vigoureux (*), et porter secours à cet assouchement serait une opération analogue à celle de l'habile chirurgien qui sauve le héros mutilé.

Depuis longtemps j'en cherchais le moyen (attendu que les rejets en chêne produits par l'assouchement d'un gros arbre sont incomparablement plus riches en sève que ceux d'un brin de taillis.

J'avais d'abord pensé mettre sur l'assouchement, aussitôt après la coupe de l'arbre, une couche de goudron; mais me trouvant dans les bois et n'ayant point de goudron à ma disposition, je fis couvrir de terre six assouchements de gros arbres

(*) Il est certain que le vieux chêne taré, mort en cîme, qui est sur son retour, est à la fin de sa carrière; mais il existe de gros chênes dans de bons sols qui sont pleins de vie.

par deux décimètres d'épaisseur de terre sur le centre, et quatre centimètres seulement à la circonférence, afin de conserver de la fraîcheur à l'écorce ; puis, au mois d'août suivant, m'étant de nouveau rendu à la forêt, le garde me fit voir mes six assouchements garnis chacun d'une couronne de beaux rejets, à l'exception d'un seul dont le cœur était vermoulu, et depuis j'ai continué mon expérience avec succès dans plusieurs forêts, et pense que ce soin n'est point à négliger.

ÉCONOMIE FORESTIÈRE. — ART. 4.

Du Reboisement des montagnes.

La plupart des montagnes, autrefois en nature de bois, et qui sont chauves à présent, appartiennent au domaine communal, et l'administration ne devrait point hésiter à en exiger le repeuplement.

L'incurie des anciennes maîtrises des eaux et forêts est une des causes de cette ruine, ayant négligé l'exécution de l'ordonnance de 1669.

Les communautés d'habitants ont dévoré la végétation de ces forêts, soit par le pâturage de leurs bestiaux, soit par la multiplicité des délits de toutes espèces, et beaucoup de montagnes aujourd'hui sont déboisées.

La question est de savoir s'il y a possibilité d'y rétablir la vie forestière : cela me semble difficile.

Le seul moyen qui me paraît praticable pour faire le reboisement d'une montagne communale serait d'appliquer celui dont on s'est servi pour les chemins vicinaux, *la prestation*, attendu qu'il faut beaucoup de main-d'œuvre.

Puis des agents forestiers éclairés dirigeraient les travaux et feraient peupler les montagnes d'essences de bois convenablement appropriées aux divers terrains : calcaires, siliceux, graniteux, alumineux, schisteux et volcaniques, savoir : les bois résineux, le hêtre, le châtaignier, prospèrent dans les terrains siliceux, schisteux et graniteux. Le chêne, charmille, l'orme, l'érable, le sorbier, dans les terrains alumineux et calcaires. Le hêtre, le chêne, bouleau, acacia et autres, dans les terrains argilo-siliceux. Mais ce qui deviendrait d'une plus haute importance, serait de peupler les coulées ou vallons et le bas des montagnes, dans le meilleur sol, de mûriers, afin de donner aux habitants des campagnes une branche de revenus et la faculté d'employer leurs familles à la culture des vers à soie. Le ministre Colbert fit faire un grand pas à cette œuvre, et le Dauphiné et la Provence lui doivent une partie de leur fortune; il fournissait les plants de mûriers et donnait beaucoup de soins et d'argent, afin de populariser cette culture.

FIN.

Chalon s. S., Imp. de J. Dejussieu.

www.ingramcontent.com/pod-product-compliance
Ingram Content Group UK Ltd.
Pitfield, Milton Keynes, MK11 3LW, UK
UKHW020523180726
13839UKWH00005B/2263

9 782329 484532